53 道營養滿分‧美味十足的家常素料理

一個人吃素

美食大師　林美慧◎著

一個人的輕鬆美味料理
一個人開伙的自在寫意

Preface

好好享受一個人吃素的快樂

　　宗教信仰是許多人開始接觸素食的原因，但近年來除了這個理由，更有許多人是因為身體健康因素來吃素食，所以吃素人口逐漸在增加中，年齡層也越來越廣泛。不過與葷食比較起來它仍是占少數，雖然接受度有提高，但在許多家庭裡不是每一個成員都能接受，在一般市場上要吃素也不見得很容易找到。所以，要好好享受吃素的快樂其實還不是件很容易的事呢！

　　許多學生及觀眾朋友就常反應：「老師，素食到底要怎麼煮啊！好多材料我都不會用。」、「老師我家就我一個人吃素，煮來煮去或是買外面的都是那些菜色耶！」、「老師我初一、

十五才吃素，要怎麼煮才方便啊！」許多素食的問題時常重複出現，一有人問我就解答一遍，但從未好好想過把一個人吃素食該如何吃的問題設計成一本書。這次剛好有這個機會，出版公司讓我有了出版這樣一本素食食譜的動力和意念，為許多在家裡或是特殊時

問一個人吃素的朋友解決困難。

　　一個人吃說是很簡單，但是要能夠好好享受一餐美味，其實也不是很容易，第一是材料採買往往可能就比直接買外面煮好的要來得貴；再來就是只有一個人還要動刀動鍋鏟，煮完還要清理這一堆拉雜的工作，就足夠讓人覺得麻煩了；再加上素食的烹調並不是有很多的例子可以學習，即便是現在的素菜已不再只是局限於舊有的方式，許多食材、調味方法都在改變進步中，但它的普遍性、方便性仍是不夠。所以，這許多的原因都成了想要自己動手而遲遲沒動作的主要因素。

　　為了讓大家打破「一個人吃動手煮是很麻煩」的觀念，我在這本書裡所設計的菜色都是作法簡單、材料採買方便、烹調時間不會太久的菜餚；另外，我挑選一些菜餚、醬料是可以多做一些保存起來，想要食用時，只要再加熱或搭配其他食材，就可以變化成另一道菜或主食，主要是節省時間，還有可以做不同的料理變化。

　　出版這本食譜，其實是我在食譜製作上的一項挑戰，為了想要讓這本書真正能達到實用性在菜色的設計上，我花了很多時間思考，比一般葷食食譜更讓我傷腦筋，希望大家都能好好利用它，做到享受素食的美味與快樂。

　　其實，一個人吃更應該好好享受，不應該放棄吃美食的權利。所以，請大家從現在開始，好好享受一個人吃素的快樂吧！

CONTENTS

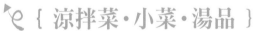

Health & Beauty

一定要有的基本配備

想要走入廚房做菜，首先，基本的配備是一定要有的，如果連最基本的工具都沒有，那要如何能做到「工欲善其事，必先利其器」呢？所以今天不管是一個人吃，還是兩個人吃，還是全家人一起吃，您下廚的基本工具一定要準備好。

所謂的廚房基本配備，不是您看廣告裡的全套廚房設備，也不是要百萬頂級的高價位廚具，而是不管您哪一次下廚，一定都會用到的東西，這才是我們今天所談的「基本配備」。當然，講到基本，第一個想到的是瓦斯爐，可是瓦斯爐不是我們講的範圍，因為它和碗、盤、筷子、湯匙都是廚房的根本，而不是基本，是每間廚房都要有的東西。接下來，就讓我來告訴各位，您一個人料理的時候，需要準備哪些最實用、最基本、最簡單採的廚房配備，這些不會太麻煩，卻是一定必須的。

刀 這是切食物的主要工具。您至少要準備一把。可以準備料理用刀或是中式菜刀。如果對生食、熟食比較介意的朋友，您不妨可以多準備一把分開來使用。

炒菜鍋 這是烹煮食物最重要的器具，沒有了它一切都不用提了。市面上的炒菜鍋有不同的材質，您可以選擇較輕巧的，這樣操作使用起來比較方便。一般炒菜鍋的體積都比較大，所以只要準備一個什麼料理大都可以用得上像是煎、炒、煮、炸、蒸的菜餚，都可以用到，不需要再添購特別的鍋具了。

砧板 這是切食物墊在下面，不會傷到桌面的板子。有木製跟塑膠製的兩種，也有不同的大小尺寸。如果您是一個人使用，採購時就買小的比較不會占空間。另外，使用砧板時，用刀的力量不一，往往一切下去，砧板就會有痕跡，所以最好準備兩塊，把生食、熟食分開來用。

不鏽鋼盆 攪拌食材、裝盛食材的器皿。這種盆子有大有小，隨自己需要來選用，一次可以準備兩三個，這樣較方便運用。

鍋鏟 這是炒菜鍋的好搭檔,用來翻炒食物的。一般常見的材質有鐵製、不鏽鋼、樹脂、木製等,看您採買的鍋子適合用哪一種比較不會傷到鍋子表面就可以了。

湯鍋 煮湯用的專用鍋。鍋身較深,體積有大有小,材質也有不同。若是煮一人份,可以選擇較小的鍋子,也可以拿來蒸煮食物。在家庭裡,鍋具多幾個,可以在同一時間使用利用,瓦斯爐的兩邊爐嘴烹煮不同菜餚,就會比較省時。

電鍋 這是煮飯必須使用的工具。有電子鍋和大同電鍋兩種。電子鍋使用起來比較方便,只要把米洗好放入,加入適當的水量,按下開關,等到飯煮好,開關就會自動跳起;另外,電子鍋還能烹煮稀飯。大同電鍋使用起來比較煩雜,它有外鍋、內鍋,所以煮飯時除了內鍋要加適當水量外,還要加外鍋的水,水量比較不好掌握。不過,大同電鍋用處較多,除了也能烹煮稀飯外,還可以用來蒸東西,使用的功能較強。

漏勺 將食物濾掉水分用的。一般有整支是不鏽鋼或是濾網部分為小鐵絲的,隨自己喜愛選用。像在燙煮青菜或煮水餃,都會需要用到。

烤盤 這裡是指可以放入烤箱烘烤的瓷盤、瓷盅。像是烤酥皮濃湯,就需要用到,所以家裡不妨準備一、兩個,讓自己可以吃得有變化又很舒服。

烤箱 烘烤食物專用。市面上販售的烤箱,依照功能的多寡、體積大小、品質好壞,在價格上有不同的差異,像是陽春型的,只能烘烤麵包類、加熱作用的烤箱,小小一台可能只需幾百元就可以買到。若是想要烘烤點心類,如麵包、蛋糕,還有想要烤雞等,就需要品質好、功能性強的烤箱,價格就不會很便宜了。您可以選擇一台品質不差,可以放入一隻雞去烤的烤箱,這種功能比較好,雖然不是頂級的,但可以在使用上方便許多。

量匙 這是用來量較少材料或調味料的標準湯匙。一般一組有四支,分別是1大匙、1小匙、半小匙、1/4小匙。使用時,將材料裝滿後再刮平為標準。

均衡的營養素該如何攝取呢？

　　最近許多新聞報導說，長期茹素對身體健康有不好的影響，這種說法對挑食者或許正確，但吃素如果不挑食，能夠攝取均衡，其實還是可以吃得很健康的。

　　在我們人體需要的營養素裡，每天都必須攝取六大營養素——醣類、蛋白質、脂肪、維生素、礦物質、水。這六大營養素是我們必須均衡地吸收，才能讓身體保持健康的基本元素，食用過多或不足，都會對我們的身體產生不良的影響。而這六大營養素都分別存在於我們的飲食當中，因此不挑食是讓營養素均衡吸收的主要重點。

　　為了打破「吃素不健康」的說法，這六大營養素存在於哪些素食的材料中呢？它們主要的功能有哪些呢？食用過多或過少有什麼症狀呢？在下面，我們將一一為大家說明，讓各位能有充分的認識，主要是給大家一個正確的飲食觀念，讓大家能夠放心的吃素，因為我們希望大家不但能吃出美味，也能吃出健康！

醣類　主要功能是供給身體的熱能、節省蛋白質的消耗以及幫助脂肪在體內的代謝。然而，食用過多醣類會造成體重增加，因此想減肥的人就要節制醣類的攝取；但食用醣類不足，則會體重減輕、精神不振、容易疲勞，對身體也會造成另一種負擔。

醣類主要存在於五穀根莖類的食物裡，像是米、飯、麵條、饅頭、麵包、玉米、馬鈴薯、番薯、芋頭、紅豆、綠豆、蓮子、栗子、菱角等。

脂肪　主要功能是供給身體熱能、幫助脂溶性維生素的吸收與利用、提供必需脂肪酸、保持體溫、保護內臟，並增加食物美味及飽足感。不過，脂肪吸收過多時，會產生肥胖，容易造成心血管疾病的發生；而脂肪攝取不足時，則會產生皮膚炎、生長緩慢的現象。

脂肪主要存在於油脂類，像植物油、種子、核果等食物，例如：芥花油、橄欖油、紅花籽油、葵花油、玉米油、大豆油、花生油、奶油、人造奶油、麻油等。

蛋白質 主要的功能是促進生長發育、修補細胞組織。蛋白質吸收量過多時，會增加腎臟的負擔；但是，吸收不足時，則會產生體重減輕、疲乏、疾病抵抗力減低、水腫、發育不良、貧血、頭髮變色等症狀。

蛋白質主要存在於奶類、蛋類、豆類及豆製品等食物中。

維生素 常見的名稱是維他命。維生素一般分成兩大類，能溶解於脂肪者，稱為脂溶性維生素，這類維生素有維生素A、D、E、K；能溶解於水者，稱為水溶性維生素，這類維生素則有維生素B_1、B_2、B_6、B_{12}、C及菸鹼酸、葉酸等。大多數的維生素不能從身體中自行製造，必須從食物中獲取，它在身體裡的作用，就像機械中的潤滑油一般，是很重要的。

維生素A 是脂溶性維生素。主要的功能是使眼睛能適應光線的變化，維持在黑暗光線下的正常視力，保護表皮、黏膜使細菌不易侵害，也就是增加抵抗傳染病的能力。另外，還可以促進牙齒和骨骼的正常生長，抗氧化營養素，降低體內的自由基。當維生素A吸收過量時，會有中毒的現象產生；而吸收不足時，則會有乾眼病、夜盲症、呼吸道感染等症狀的出現。

維生素A主要存在於蛋黃、牛奶、人造奶油、黃綠色蔬菜及水果中，像是胡蘿蔔、菠菜、番茄、黃紅心番薯、木瓜、芒果等。

維生素B_1 是水溶性維生素。主要的功能可以增加食欲，參與身體能量的代謝，預防及治療腳氣病、神經炎，另外還可以維持心臟、神經系統的功能。當維生素B_1攝取不足時，會產生腳氣病。維生素B_1主要存在於胚芽米、麥芽、酵母、豆類、蛋黃、菠菜等食物當中。

維生素B_2 是水溶性維生素。主要功能有參與身體能量的代謝，還可預防眼睛血管充血及嘴角破裂的疼痛。如果維生素B_2缺乏時，就會產生口角炎。維生素B_2主要存在於酵母、牛奶、蛋類、花生、豆類、綠色葉菜類當中。

維生素B_6 是水溶性維生素。主要的功能有幫助體內氨基酸的代謝，維持紅血球正常大小及神經系統的健康。

維生素B_6主要存在於蔬菜類、酵母、麥芽、糙米、蛋、牛奶、豆類、花生等食物中。

維生素B_{12} 是水溶性維生素。主要功能有促進核酸的合成，對醣類和脂肪代謝有重要的功用能，影響血液中麩基胺硫的濃度，可以治療惡性貧血及惡性貧血神經系統的病症。維生素B_{12}主要存在於牛奶、乳酪、蛋。

維生素C 是水溶性維生素。它是細胞間質的主要構成物質,可使細胞間保持良好狀況,加速傷口的癒合,增加對傳染病的抵抗力。另外,還能幫助鈣及鐵的吸收利用。它也是抗氧化的營養素,能降低體內自由基。當維生素C缺乏時,身體上的傷口不容易癒合,也容易有壞血病的產生。維生素C主要存在於深綠及黃紅色蔬菜、水果當中,例如:青辣椒、番石榴、柑橘類、番茄、檸檬等。

維生素D 是脂溶性維生素。主要功能可以協助鈣、磷的吸收,與運用幫助骨骼和牙齒的正常發育,也是神經、肌肉正常生理上所必需的。當維生素D吸收過多時,會中毒;而缺乏時,會使牙齒不健康,也會造成佝僂病的產生。
維生素D主要存在於蛋黃或添加維生素D的鮮奶裡。

維生素E 是脂溶性維生素。主要功能是減少維生素A及多元不飽和脂肪酸的氧化,以及控制細胞氧化,維持動物生殖機能。
維生素E主要存在於穀類、小麥胚芽油、綠色葉菜類、蛋黃、堅果類等食物當中。

維生素K 是脂溶性維生素。它是構成凝血必要的一種物質,可以促進血液在傷口凝固,以免流血不止的重要元素。
維生素K主要存在於綠色葉菜中,如菠菜、萵苣,是維生素K最好的來源,蛋黃也含有少量。

菸鹼酸 是水溶性維生素。主要功能是參與體內能量的代謝,維持皮膚、神經系統及消化系統的健康。體內菸鹼酸缺乏時,容易產生皮膚病。
菸鹼酸主要存在於糙米、全穀製品、蛋、乾豆類、綠色葉菜類、牛奶等食物當中。

葉酸 是水溶性維生素。主要功能是幫助血液的形成,可防治惡性貧血症,並能維持懷孕中的胎兒正常發育。
它主要存在於新鮮的綠色蔬菜中。

礦物質 礦物質是鈣、磷、鐵、鉀、鈉、氯、氟、碘、銅、鎂、硫、鈷、錳等成分的通稱,是構成身體細胞,如骨骼、牙齒、肌肉、血球、神經的主要原料。它能調節生理機能,如維持體液酸鹼平衡、調節滲透壓、心臟肌肉收縮、神經傳導等。

鈣 是構成骨骼和牙齒的主要成分;另外還可以調節心跳及肌肉的收縮,使血液有凝結力,維持正常神經的感應。當鈣吸收不足時,容易產生軟骨症、牙齒不健康、不容易凝血的現象;但是,鈣吸收過多時,反而會使軟組織鈣化。
鈣主要存在於奶類、蛋類、深綠色蔬菜、豆類及豆類製品食物當中。

磷 是構成骨骼和牙齒的要素之一。能促進脂肪與醣類的新陳代謝，維持血液、體液的酸鹼平衡，還是組織細胞核蛋白質的主要物質。

磷主要存在於全穀類、乾果、牛奶、豆莢類等食物當中。

鐵 是組成血紅素的主要元素，參與紅血球的形成。當鐵質不足時，貧血、疲倦、臉色蒼白、抵抗力減弱的現象都會產生；而鐵質吸收過多時，則會造成便祕。

鐵主要存在於蛋黃、牛奶、海藻類、豆類、全穀類、葡萄乾、綠色葉菜類等。

鉀、鈉、氯 這三種元素可以維持身體內水分的平衡，及調節滲透壓，並可以維持體液酸鹼的平衡、調節神經與肌肉的機能。所以，當鉀、鈉、氯三種元素缺乏任何一種時，會影響生長發育的。

鉀主要存在於奶類、五穀類、蔬菜、水果等食物當中。

鈉主要存在於奶類、蛋類、食鹽當中。

氯主要存在於奶類、蛋類、食鹽當中。

氟 是構成骨骼和牙齒的一種重要成分。

氟主要存在於菠菜。

碘 是甲狀腺激素的主要成分。它能調節體內能量的新陳代謝，維持人體正常生長發

育。

碘主要存在於蛋、奶類、五穀類、綠色葉菜類當中。

銅 與血紅素的造成有關，可以幫助體內鐵質的運用。

銅主要存在於堅果類食物中。

鎂 是構成骨骼的主要成分，並參與醣類代謝，與鈉、鉀、鈣共同維持心臟、肌肉及神經的正常功能。

鎂主要存在於五穀類、堅果類、奶類、豆莢、綠色葉菜類中。

硫 與蛋白質的代謝作用有關，是構成毛髮、軟骨、肌腱、胰島素等所需的成分。

硫主要存在於蛋類、奶類、豆莢類、堅果類的食物當中。

錳 對於內分泌的活動、酵素的運用及磷酸鈣的新陳代謝有幫助。

錳主要存在於小麥、堅果類、豆莢類、萵苣、鳳梨當中。

水 水是人體的基本組成，在人體的新陳代謝中，水和空氣占有非常重要的功能；人不吃食物可以生存幾週，但若不喝水，則身體活動僅能維持數日而已。所以，水對人體整個的運作是非常重要的。

水能促進食物消化和吸收作用，也能維持身體正常循環作用及排泄作用；另外，對於調節體溫、滋潤各組織的表面都有作用，還可以減少器官間的摩擦，幫助維持體內電解質的平衡。所以，從消化、吸收、體內廢物的清除、細胞內的化學反應等等，水都是非常重要的角色。因此，多喝水絕對是有益處的。

下廚前的準備動作

做料理就像一般工作一樣，事先都要有所準備，以免下廚時手忙腳亂，一下材料漏買，一下調味料不夠齊全，一下菜沒洗，一下忘了切丁、切絲，丟三落四的，不但時間耗很長，煮出來的菜餚可能跟食譜上的完全不一樣，味道也不同。所以下廚前該有哪些準備動作，這裡我們詳細的告訴您，讓您有所依據、有所參考，因為準備的越充分，下廚的時間越能節省，做出來的菜餚成功機率也越高。

首先是採買。當您決定今天要煮什麼菜時，您可以拿張紙，把要煮的菜色所需要的材料、調味料一一寫下，列成一張表，然後先檢視家裡有哪些材料、調味料已經有了，過濾一遍，把有的勾起來，然後當您出門購物時，就可以利用這張表格，把沒有勾到的材料買齊全。

材料的挑選是在採買時很重要的動作。因為我們是採買素食，所以蔬菜、水果、菇類、豆製品是我們主要購買的大宗。在挑選蔬果時，要特別注意它們的新鮮度，最好的辨識方法，就是新鮮蔬果的外表要光鮮亮麗、質感硬挺；如果是不新鮮的蔬果，就會失去光澤，而且會變得乾乾軟軟。挑選菇類時，看起來硬挺、不會有水水的感覺，就表示新鮮；如果已經出水或表面呈現不完整，那就是它的鮮度不夠了。油炸加工的素食品，還有豆類製品，挑選時要先聞聞味道，如果有臭油或臭酸味，就代表它不新鮮了。現成盒裝、罐裝的食材、調味料一定要注意製造日期，過期或是離到期日很近，那就表示它的新鮮度不夠了。所以，當食材不新鮮時，您千萬不要買它，不

然就算再如何用心烹煮，都只會讓菜餚有減分的效果，甚至味道都會走味，而白白浪費時間跟金錢了。

食材的整理，在您採買回食材後，這個動作是很重要的，像是分裝或是保存。有很多上班族或家庭主婦，為了方便，可能上一次市場就採買很多，這時保存就非常重要了，為了使每餐都能享受新鮮佳餚，良好的保存方法是關鍵所在。冰箱是家庭裡最理想的保存地方，10℃以上是細菌滋生的溫床，因此冰箱的溫度最好控制在2~5℃之間。冰箱只能中止細菌的繁殖，不能殺死細菌，所以大家千萬不能把它當做寶箱，而把食材冰存太久；另外，必須保持冰箱的清潔，要讓冷氣的循環良好；還有，就是不要常開冰箱，以免冷度流失，而影響到冰存的食物。像蔬菜、水果類的保存，將果菜先清洗乾，淨拭乾水分後，用紙袋或多孔塑膠袋包好，放在冰箱下層或陰涼處；菇類買回後，盡量趁早食用完，因為它是不宜久放的食材，

所以一定要盡快吃完。材料在購買時，您一定要按照份量、天數來採買，這樣才能保持食物鮮美的味道。

材料烹煮前的處理，是您要下廚前必須要做的動作。食材使用前該清洗乾淨的一定要洗淨，有些蔬果類可能有農藥存留，一定要清洗得很乾淨再用；該去皮的要先去皮，該切成食譜上所說的樣子就可以先切好，把材料先妥善的處理好，然後您可以依照要煮的菜餚，集中每道所需的食材，在正式下廚時，就可以省掉很多不必要的麻煩了。

當您把下廚前該準備好的動作做好時，一切都不會很麻煩了，而且您會覺得很輕鬆，尤其是當一個人吃的時候，凡事都按部就班，一樣一樣來，一切都不會雜亂無章，這樣料理出來的美食，比起外買採買的還要美味、可口呢！

13

預先做好高湯&醬料

　　在這裡介紹素高湯及兩種非常重要的素食醬料給大家，讓您可以事先做起來保存。因為這些作法比較煩雜，也比較花費時間製作，所以特別擺在前面讓大家可以先學習起來。雖然這些在市面上都有現成品，可以節省烹調時間，但您不妨親自試做看看，相信一定有不一樣的味道。完全的真材實料，完全的純手工調製，不好吃都難唷！您怎麼可以不試試呢！

素高湯

材料

黃豆芽1斤
高麗菜半斤
胡蘿蔔1條
玉米1根
紅棗6粒

作法

1. 黃豆芽洗淨；高麗菜洗淨，剝成大片狀；胡蘿蔔洗淨，去皮後切大塊；玉米洗淨，剁成寸段；紅棗略微洗淨待用。
2. 將所有處理好的材料放入大鍋裡，加入4000C.C.的水，用大火煮滾後，改中小火熬煮約50分鐘。
3. 過濾掉菜渣，即為鮮甜的素高湯了。可分裝小袋冷凍保存，使用時取出需要的量即可。

香椿醬

材料
香椿嫩葉半斤
香油2杯

調味料
鹽1大匙

作法

1.香椿葉洗淨，完全瀝乾水分後剪成小片備用。

2.將香椿葉、香油及鹽一同放入果汁機裡攪打成糊狀。

3.準備密封容器罐，消毒乾淨後，裝入打好的香椿醬，再倒入香油高出0.5公分即可，隔離空氣放入冰箱冷藏，約可儲存三個月。如入冷凍庫存放，可保持翠綠，儲存一年。

●香椿是楝科多年生落葉性蕎本植物。嫩葉為可食用的養生蔬菜，有特殊的香氣。常見的食用方法，如炸香椿、涼拌香椿豆腐、香椿煎蛋、香椿肉燥醬、香椿煎餅、香椿水餃，或製作成香椿醬來拌麵、炒飯、燒豆腐都非常好吃，使用也非常方便。

●打好的香椿醬再加入香油，除了隔離空氣外，還可以延長保存期限。

素肉燥

材料
香菇6朵
皮酥4兩
醃漬鹹冬瓜1大匙

調味料
冰糖1大匙
壺底油1/3杯
香菇粉1大匙
素蠔油半杯

作法

1.香菇用水泡軟後，去蒂，切小丁；皮酥泡軟切小丁。

2.起油鍋，加入6大匙油，用小火將香菇丁炒香，再放入皮酥丁拌炒片刻，接著加入鹹冬瓜及所有調味料、水6碗，拌勻後用小火熬煮約20分鐘即可。

●製作好的素肉燥放涼後，可存放於乾淨的密封罐中放入冰箱冷藏，約可存放1個星期。隨時可拿來拌麵、拌飯或搭配燙青菜，都非常方便好用。

●鹹冬瓜可改成醬筍或醬瓜，味道更為甘甜。

●皮酥也可改成素肉排，切成小丁來製作，口感更佳。

油豆腐細粉

材料

粉絲	1包
小油豆腐果	3個
冬菜	1大匙
芹菜末	2大匙
金針	4支

調味料

鹽、素高湯粉	各半小匙
胡椒粉、香油	各少許

作法

1. 將粉絲用水泡軟，剪成兩半；金針用水泡軟後，摘掉硬蒂打結。

2. 冬菜略微清洗一下，瀝乾待用。

3. 燒開600C.C.的水，放入油豆腐果、金針略煮片刻，接著加入粉絲、冬菜煮1分鐘，再加入鹽、素高湯粉調味拌勻。

4. 起鍋前撒上芹菜末、胡椒粉，滴入香油即可。

涼拌春雨

材料

蒟蒻絲	1包
胡蘿蔔絲	2大匙
小黃瓜絲	2大匙

調味料

鹽	半小匙
素高湯粉	1小匙
糖	1大匙
白醋	2大匙
香油	3大匙

作法

1. 將蒟蒻絲放入滾水中汆燙一下，去除腥味後，撈出瀝乾。

2. 把蒟蒻絲、胡蘿蔔絲、小黃瓜絲混合拌勻，加入所有調味料，充分調勻即可食用。

林老師 ♥
♥愛心撇步

油豆腐細粉

*冬菜有特殊香氣，是油豆腐細粉一定要有的提味材料。

*金針打結比較脆，口感更佳。

涼拌春雨

*若覺得味道太酸，白醋的份量可減少一點。

香椿醬炒飯

材料

白飯	1碗
松子仁	2大匙
香椿醬	1小匙(作法參考P.15)

作法

1. 松子仁放入燒熱的溫油裡，慢慢炸至金黃後，盛出，放在吸油紙上待涼。

2. 起油鍋，加入2大匙油，放入香椿醬及白飯，拌炒均勻，盛出前撒上炸好的松子仁拌勻即可。

香椿醬拌麵

材料

油麵	4兩
香椿醬	1大匙(作法參考P.15)
小豆苗	適量

調味料

辣椒醬	半小匙
香油	1大匙

作法

1. 將油麵用滾水氽燙一下，撈出，瀝乾水分。小豆苗洗淨，燙熟待用。

2. 準備一只深碗，放入香椿醬、辣椒醬、香油，加入燙好的油麵，趁熱拌勻，連同青菜一起食用。

林老師
愛心撇步

香椿醬炒飯

＊松子仁含有豐富的油脂及維生素E可以抗老化。

＊松子仁需用溫油來炸，免得一下就焦黑了；切記炸到金黃就要撈出，因為盛出後顏色還會再變深；炸好的松子仁要放涼，這樣才會酥脆。

香椿醬拌麵

＊油麵可改成任何一種麵條，粗、細皆可，一樣美味可口。

＊可以搭配任何青菜，讓口感更豐富。

19

咖哩炒麵

材料

油麵	4兩
小白菜段	半碗
胡蘿蔔絲	3大匙
金針	數根
香菇	2朵

調味料

咖哩粉	1大匙
素蠔油	2大匙

作法

1. 香菇用水泡軟後，去蒂，切絲；金針用水泡軟後，摘掉硬蒂待用。

2. 燒熱4大匙油，先放入香菇絲炒香後，加入胡蘿蔔絲及金針，炒軟，隨後加入咖哩粉小火炒香，再加入油麵、素蠔油、水1/2杯，燴炒片刻，蓋上鍋蓋，燜至麵條漲大時入小白菜炒軟，即可盛出食用。

林老師
愛心撇步

* 可以酌量加入自己喜歡的綠色蔬菜增加口感。

* 油麵可以更換成其他的麵條。

* 咖哩粉要小火炒香，火太大會苦。

鍋燒烏龍麵

材料

烏龍麵	1包
新鮮香菇	1朵
蛋	1個
小白菜	1小棵
素魚板	3片
胡蘿蔔片	3片
金針	數根

調味料

鹽	半小匙
素高湯粉	1大匙
胡椒粉	少許
香油	少許

作法

1. 香菇洗淨，在表面用刀刻上星星花紋；小白菜洗淨，切長段；金針用水泡軟後，摘掉硬蒂，打結待用。

2. 準備一只深鍋，燒開600C.C.的水，放入香菇、素魚板、胡蘿蔔片、金針先煮4分鐘，再加入烏龍麵煮2分鐘，最後入調味料拌勻。

3. 打入一個蛋，再放入小白菜，煮至蛋黃尚未完全凝固即可起鍋。

林老師
愛心撇步

＊如果吃全素者，可以不用加蛋，一樣美味。

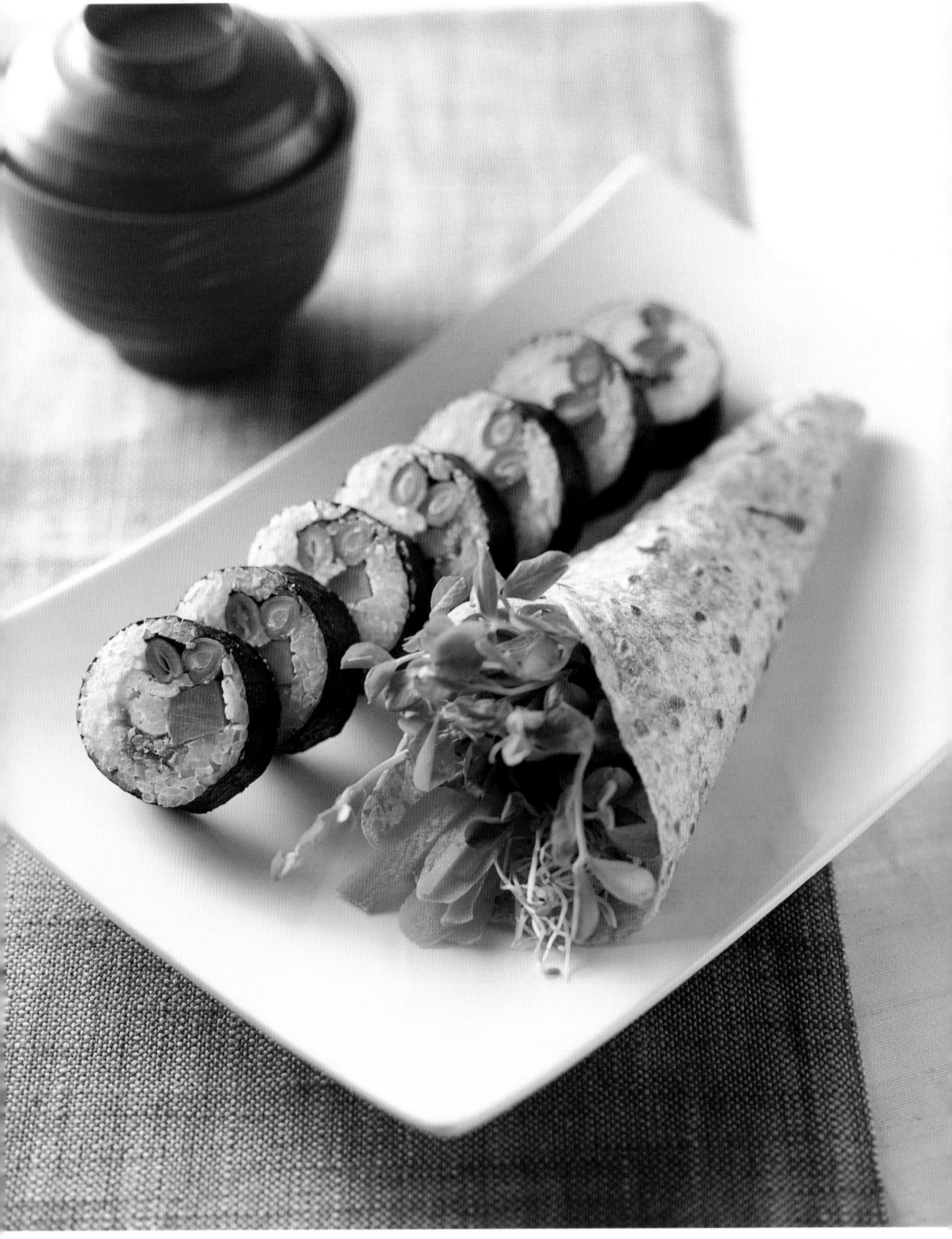

壽司

材料

熱白飯	1碗
素肉鬆	1大匙
胡蘿蔔	1小長條
四季豆	2根
煎好的蛋皮	1長條
紫菜	1張

調味料

白醋	1大匙
細白糖	1大匙

作法

1. 白飯趁熱拌入白醋、細糖,拌勻後放涼,即為壽司飯,待用。

2. 四季豆撕除兩旁老筋後,洗淨,與胡蘿蔔條一同放入加有少許鹽的滾水中,煮熟後取出放涼。

3. 準備一個捲壽司的竹簾,攤平,鋪上紫菜;把放涼的壽司飯均勻地鋪平,並在中間均勻地撒上素肉鬆,擺上胡蘿蔔條、四季豆及蛋皮後,把竹簾一端拉起,慢慢往前包捲成圓筒狀,接縫處用米飯沾黏住即可。

4. 用利刀切成1公分寬的片狀,即可食用。

全麥苜蓿芽手卷

材料

全麥餅皮	1張
苜蓿芽	適量
小豆苗	適量
素肉鬆	2大匙
胡蘿蔔條及蘋果條	各2大匙

調味料

素沙拉醬	1大匙

作法

1. 準備一只平底鍋,加少許油,放入全麥餅皮,用小火煎至兩面微黃後取出。

2. 將洗淨、瀝乾水分的苜蓿芽、小豆苗及所有其他材料放在煎好的餅皮中,擠上素沙拉醬,包捲成手卷狀即可。

林老師 ♡ 愛心撇步

壽司

＊如有酪梨的季節,可以做成酪梨壽司,非常營養美味。

＊壽司飯中拌有白醋,有防腐作用,所以包好的壽司可放置一天也不會餿掉。

全麥苜蓿芽手卷

＊全麥餅皮在超市可以買到。

＊全麥苜蓿芽手卷可搭配一杯豆漿或鮮奶,就是一份豐盛又營養的元氣早餐囉!

素香飯

材料

熱白飯	1碗
素肉燥	2大匙
(作法參考P.15)	
醃漬黃蘿蔔	2小片
香菜	少許

作法

把熱騰騰的白飯淋上素肉燥，再放上醃漬黃蘿蔔及香菜，就是非常方便的素肉燥飯了。

林老師 ♡
♡ 愛心撇步

＊一碗熱騰騰的素香飯，搭配一碗熱湯，即為豐盛的一餐，是非常方便又省時的。

可口炒飯

材料

白飯	1碗
蛋	1個
冷凍三色丁	2大匙

調味料

鹽	半小匙
素高湯粉	半小匙
黑胡椒粉	少許

作法

1. 蛋去殼、打散備用。

2. 燒熱3大匙油，倒入蛋液，炒至凝固時，加入白飯、冷凍三色丁拌炒片刻，最後加入所有調味料拌勻，即可盛出食用。

林老師
♡愛心撇步

*白飯冰過後炒起來較為乾爽可口。

*炒飯千萬不要有浮油，這樣才會美味。

素牛肉麵

材料

拉麵	4兩
滷香菇蒂	2兩
番茄	1個
胡蘿蔔	1/3條
青花菜	2小朵
八角	1粒
花椒粒	1大匙
薑	4片

調味料

辣豆瓣醬	1大匙
醬油	2大匙
鹽	1小匙
素高湯粉	1小匙

作法

1. 胡蘿蔔去皮後洗淨，切滾刀塊；番茄洗淨，切片；青花菜洗淨，燙熟待用。

2. 起油鍋，加入3大匙油，用小火炒香花椒粒、薑片及八角，然後用乾淨的小布袋包裹起來，即為滷包。

3. 加入3大匙油到炒香的花椒油裡，接著放入番茄片，拌炒至軟後，加入辣豆瓣醬，炒至起泡時，加入胡蘿蔔片、水800C.C.及滷包，煮滾後續煮8分鐘，再加入香菇蒂續煮3分鐘，最後加入醬油、鹽、素高湯粉調味即可。

4. 將拉麵放入滾水中，煮熟後取出，盛於大碗裡，加入煮好的麵湯、香菇蒂、胡蘿蔔片及青花菜即成。

林老師愛心撇步

*可搭配其他青菜，隨自己喜愛添加。

*味道濃郁香醇，可媲美葷食的牛肉麵，千萬一定要試作哦！

鮮菇炊飯

材料

白米	2杯
新鮮香菇	4朵
杏鮑菇	2朵
薑	數片

調味料

鹽	1小匙
素高湯粉	1大匙

作法

1. 白米洗淨，泡水30分鐘後，瀝乾；香菇、杏鮑菇分別洗淨，切粗條備用。

2. 起油鍋，加入3大匙油，炒香薑片後，加入香菇、杏鮑菇，待炒香時，加入白米拌炒片刻，接著加入鹽、素高湯粉調味，即可熄火。

3. 把炒好的白米材料倒入電子鍋中，加水1 $\frac{3}{4}$ 杯煮至開關跳起，再繼續燜5分鐘後，挑鬆米飯，即可盛出食用。

林老師
♡ 愛心撇步 ♡

＊可另外加入切碎的青江菜於蒸好的米飯中，趁熱拌勻，飯中飄有淡淡菜香與香菇的香氣，非常清甜可口。

＊新鮮香菇可改用乾香菇，一樣美味，使用前須泡軟。

30

蔬菜麵疙瘩

材料

高筋麵粉	200公克
高麗菜	適量
胡蘿蔔片	適量
番茄片	適量
甜豆莢	適量
新鮮香菇	1朵

調味料

鹽	1/2小匙
素高湯粉	1大匙
胡椒粉	少許
香油	少許

作法

1. 麵粉倒入乾淨的盆子裡,加入1杯冷水,拌揉至成光滑的麵糰,揉長條,入冷水中泡30分鐘。

2. 香菇洗淨,在表面切成星星花紋;所有蔬菜清洗乾淨。

3. 湯鍋中煮滾800C.C.的水,接著左手拿麵糰,右手將麵糰揪成小片,加入湯中煮熟。

4. 把其他材料一一放入,煮熟,最後加入調味料拌勻,即可盛出食用。

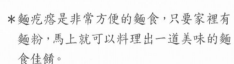

林老師
愛心撇步

＊麵疙瘩是非常方便的麵食,只要家裡有麵粉,馬上就可以料理出一道美味的麵食佳餚。

＊麵糰入冷水中浸泡再取出揪片,Q勁十足,彈牙好吃。

涼拌鮑魚菇

材料

鮑魚菇	2大朵
薑末	1小匙
香菜末	1小匙
辣椒末	1小匙
花椒粉	1/4小匙

調味料

糖	1大匙
醬油	2大匙
白醋	3大匙
香油	4大匙

作法

1. 鮑魚菇洗淨，斜切厚片。

2. 煮滾一鍋水，加1小匙鹽，放入鮑魚菇片，汆燙片刻，撈出，瀝乾水分後盛盤。

3. 將所有調味料與薑末、辣椒末、花椒粉混合拌勻，食用時淋在鮑魚菇上即可。

涼拌土豆絲

材料

馬鈴薯	1個
海苔粉	半小匙

調味料

鹽	半小匙
素高湯粉	半小匙

作法

1. 馬鈴薯洗淨、去皮後切細絲，浸泡清水，以去除澱粉質。

2. 燒開一鍋水，放入馬鈴薯絲汆燙一下，立刻撈出瀝乾水分，再加入鹽、素高湯粉混合拌勻。

3. 最後撒上海苔粉，增加香氣與賣相。

林老師
愛心撇步

涼拌鮑魚菇

＊這裡所調出來的醬汁可當做萬用醬，適合做其他食材的沾料。

＊醬汁的比例如果感覺較酸，可以將醬油與白醋的份量對調，也是一樣美味。

涼拌土豆絲

＊馬鈴薯即是洋芋，中國北方稱作土豆。

＊馬鈴薯是鹼性的健康食材，維生素B群含量非常豐富，可以中和血液中的酸，具維持心血管與神經系統的功能。

梅香甜椒

材料

紅甜椒	半個
黃甜椒	半個
話梅	6粒

作法

1. 將紅甜椒、黃甜椒洗淨,分別去蒂、籽後,切成片狀。

2. 準備乾淨的容器,放入甜椒片及話梅,上下甩動,放置一夜,待甜椒軟化入味即可食用。

林老師
愛心撇步

＊可以加入青椒一同醃漬,增加口感及色澤。

＊這道所製作出來的酸甜滋味,開胃又爽口。

百香果冬瓜

材料

冬瓜	1斤
百香果濃縮汁	1杯
話梅	5粒

調味料

鹽	1大匙

作法

1. 冬瓜洗淨，去皮、籽及白色瓜瓤後，切成拇指長的條狀。

2. 接著加入少許鹽拌醃，待冬瓜條軟化，倒除苦水。

3. 準備乾淨的容器，放入冬瓜條、百香果濃縮汁、話梅混合拌勻，醃泡一夜使其入味即可。

林老師
愛心撇步

＊冬瓜含有豐富的維生素C、醣類、胡蘿蔔素、鈣、磷及鐵質，能夠利尿、消暑熱、促進人體新陳代謝、除脂積、減肥、防止皮膚色素沉澱。

百合金針花

材料

新鮮金針	2兩
百合	1球
辣椒	1支

調味料

鹽	1/4小匙
素高湯粉	半小匙
香油	少許

作法

1. 新鮮金針洗淨，放入滾水中汆燙一下，撈出瀝乾；辣椒洗淨，斜切片待用。

2. 百合一瓣瓣剝下，洗淨瀝乾。

3. 起油鍋，加3大匙油，放入辣椒片炒香，再加入金針拌炒片刻，最後加入百合，炒至透明時加入調味料拌勻即可。

林老師 愛心撇步

＊金針營養豐富，含有維生素A、C、鉀、卵磷脂、天門冬鹼等，是上等的滋補蔬菜，能夠抗衰老、增強大腦機能、清除動脈沉積物、降低膽固醇，可治療精神渙散、注意力減退等。

＊新鮮金針含有秋水仙鹼的有毒物質，所以不可以直接煮食，須先汆燙後再來使用。

松子炒蘆筍

材料

松子仁	2大匙
小蘆筍	4兩
枸杞	1小匙
薑末	1小匙

調味料

鹽	1/4小匙
素高湯粉	半小匙

作法

1. 松子仁放入溫油裡，炸至金黃，即可撈出放在吸油紙上待涼。

2. 小蘆筍切除硬梗部位，洗淨後切小丁，放入滾水中汆燙一下立刻撈出，瀝乾待用。

3. 枸杞放入清水中泡軟。

4. 起油鍋，加入2大匙油，先炒香薑末，再加入蘆筍丁、枸杞拌炒片刻，接著加入調味料炒勻，起鍋前加入炸好的松子仁，拌一下即可。

林老師
愛心撇步

*蘆筍含有黃酮類化合物、天門冬素，及豐富的維生素A、B、C、E醣類等等，是優良的鹼性蔬菜，經常食用可以養顏美容、清潔血液，並能調節人體的酸鹼平衡、增強機體免疫力、預防現代文明病的產生。

香炒猴頭菇

猴頭菇	4兩
辣椒	1支
薑	數片
九層塔	少許

調味料

醬油	1大匙
糖	1小匙
鹽	少許
素高湯粉	少許

作法

1. 猴頭菇切小塊；辣椒洗淨，斜切片待用。

2. 起油鍋，加入4大匙香油，先放入薑片、辣椒片炒香，再加入猴頭菇拌炒片刻，接著加入調味料拌勻，起鍋前加入洗淨、瀝乾的九層塔拌燴一下，即可盛盤食用。

林老師
愛心撇步

*猴頭菇含有多量的蛋白質與多醣體，並且含有七種人體的必需胺基酸，能滋補、利五臟、助消化，對於消化不良、神經衰弱與十二指腸潰瘍及胃潰瘍，有良好的滋養功效。

*猴頭菇有罐頭、鮮品、乾品及處理調味好的冷凍品。如果是乾品，使用前必須泡水至漲開，擠乾水分再換水浸泡至漲開，再擠乾，如此重複數次，煮起來才不會有苦味。處理好的冷凍品本身就已調味好，入菜煮湯非常方便討喜。

照燒豆包

材料

炸豆包	2片
熟白芝麻	少許
香菜	少許

調味料

醬油	3大匙
味醂	3大匙

作法

1. 準備乾淨的鍋子，放入豆包及所有調味料，加水3大匙，先用大火煮滾，再轉小火燜煮至湯汁微乾。

2. 起鍋前撒上熟白芝麻，排盤用香菜點綴。

林老師
愛心撒步

*豆包含有非常豐富的豆類蛋白質及卵磷質是營養食品。
*如果沒有味醂時可以用砂糖取代。

九層塔茄子

材料

茄子	1根
薑	4片
九層塔	半碗
辣椒	1支

調味料

醬油	2大匙
糖	1小匙

作法

1. 茄子洗淨，切除蒂頭後，用小刨刀間隔地把外皮刨掉，讓茄子產生紫白相間的紋路，再切成小寸段待用。

2. 燒熱半鍋油，約七分熱，把茄段放入炸軟後取出，滴乾油。

3. 另起油鍋，加入2大匙油，先將薑片、切片的辣椒放入炒香，接著加入醬油、糖、水2大匙及炸軟的茄段一起拌炒片刻，起鍋前加入洗淨的九層塔拌勻，即可盛出食用。

林老師 愛心撇步

＊茄子又名「落蘇」，春末夏初是盛產季節。它含有豐富的維生素P，可以增加微血管的抵抗力、防止微血管脆裂出血，所以高血壓患者及老年人宜多食用。

牛蒡燒蒟蒻

材料

牛蒡	半支
蒟蒻	半塊
七味粉	少許

調味料

醬油	4大匙
糖	1大匙
香油	1小匙

作法

1. 牛蒡洗淨後削去外皮,再用小利刀像削鉛筆一樣,削成薄片。

2. 蒟蒻切小片,放入滾水中氽燙,去除鹼味後撈出瀝乾。

3. 燒熱3大匙油,先放入牛蒡片炒軟後,加入蒟蒻片、醬油、糖、香油及水半杯拌炒均勻,用中小火燜煮至汁液微乾。

4. 起鍋前撒入七味粉即可。

林老師
愛心撇步

＊牛蒡含有豐富的菊糖,非常適合糖尿病患者食用。另外,牛蒡也含有大量的纖維質、木質素,能夠促進腸道蠕動、防止便祕,常吃還可抑制體內有毒代謝物的形成、降低膽固醇、防止細胞突變癌症的發生。

＊蒟蒻含有大量纖維質,而且零熱量、零膽固醇,是腸胃的清道夫。

萬年長青

材料

芥菜心	半顆
白果	8粒
小蘇打粉	1小匙
素高湯	1碗(作法參考P.14)

調味料

鹽	1/4小匙
素高湯粉	半小匙
太白粉	1大匙
香油	1大匙
胡椒粉	少許

作法

1. 將芥菜心一片片剝下,洗淨,斜切厚片待用。

2. 燒開半鍋水,加入小蘇打粉及1大匙油,放入切片的芥菜心,燙煮約1分鐘後,撈出立刻放入冰水中漂涼,瀝乾備用。

3. 素高湯燒開,加入鹽、素高湯粉及胡椒粉調味,再加入芥菜心燴煮一下,撈出瀝乾後墊於盤底。

4. 把白果繼續放入高湯中燒煮片刻,接著把太白粉調水勾芡,待湯汁黏稠時滴入香油,淋在芥菜心上即可。

林老師 愛心撇步

* 芥菜含有豐富的胡蘿蔔素、維生素C、核黃素、硫氨素等,對人體發育及新陳代謝有極大的幫助。

* 白果又名銀杏,含有脂肪、蛋白質、澱粉質、灰分和糖等成分,能調理肺氣、止咳平喘、抑菌、抗菌,但性甘微毒,不宜多吃。

三杯山藥

材料

山藥	1斤
薑	6片
九層塔	1小把
辣椒	1支

調味料

酒	4大匙
醬油	4大匙
香油	4大匙
糖	1½大匙

作法

1. 山藥洗淨，去皮後切塊狀，放入燒熱的炸油中炸熟，撈出滴乾油脂。

2. 辣椒洗淨，斜切大片；九層塔摘掉老葉，洗淨瀝乾待用。

3. 起油鍋，加入4大匙香油，用中小火先爆香薑片、辣椒片，再放入山藥塊及酒、醬油、糖，用大火煮滾，接著改中火續煮至湯汁微乾，最後加入九層塔拌勻即可。

林老師
♡愛心撇步

＊山藥含有豐富的澱粉質、胺基酸、黏蛋白質等營養素，能滋補強壯、延年益壽、增強人體免疫功能、抗衰老、健脾胃。近幾年來，台灣風行天然有機健康食品，大力推廣「山藥不是藥，入菜當補藥」，可見山藥的好處真得很多。

大根煮

材料

白蘿蔔	半條
現磨山藥泥	1大匙
海苔酥或紫菜絲少許	

調味料

醬油	4大匙
味醂	4大匙

作法

1. 白蘿蔔洗淨，去皮後切粗條。

2. 將蘿蔔及所有調味料、水1 $\frac{1}{2}$杯一起倒入乾淨的鍋裡，用小火煮軟，待蘿蔔呈琥珀色即可熄火。

3. 準備一只中碗，裝入適量的蘿蔔及湯汁，再淋上現磨的山藥泥，最後撒上海苔酥或紫菜絲即可食用。

林老師
♡ 愛心撇步 ♡

＊山藥磨成泥狀後，遇到空氣很容易氧化成褐色，所以要食用時再磨，顏色才會漂亮。

＊白蘿蔔含多種胺基酸、澱粉分解酵素及維生素，能促進腸胃消化、解毒、降低血壓、消除脂積，在日本稱作大根。

番茄燒豆腐

鴻喜菇燒豆腐

材料

牛番茄	1個
板豆腐	1方塊
四季豆	1根

調味料

鹽	半小匙
素高湯粉	半小匙

作法

1. 番茄去蒂,洗淨後切小片。

2. 豆腐切成拇指大的方塊;四季豆撕除兩旁老筋後洗淨,切0.5公分小段。

3. 起油鍋,加3大匙油,放入番茄塊拌炒片刻,再加入豆腐一起燴炒3分鐘,接著加進四季豆及調味料拌煮1分鐘,即可盛出食用。

材料

板豆腐	1方塊
鴻喜菇	2兩
芹菜末	1大匙

調味料

素蠔油	3大匙
糖	半小匙
胡椒粉	少許
香油	少許

作法

1. 板豆腐切長方片;鴻喜菇剝開成小朵,洗淨。

2. 準備平底鍋,燒熱後放入豆腐片,將兩面煎至微黃後放入鴻喜菇燴炒一下,再加入調味料及水半杯,用小火燜煮約4分鐘,起鍋前撒入芹菜末即可。

林老師
愛心撇步

番茄燒豆腐

*豆腐含有豐富的豆類蛋白質,是素食者主要蛋白質來源,其營養價值與葷食的瘦肉相當,所以有「貧民的肉」的稱號。

鴻喜菇燒豆腐

*鴻喜菇含有豐富的蛋白質、胺基酸、礦物質、維生素、多醣體及纖維素,是低脂、低熱量、零膽固醇的健康食材,能夠保護肝、腎、肺等器官,有抗癌作用。

金菇三絲

材料

材料	
金針菇	4兩
香菇	1朵
小黃瓜	半條
胡蘿蔔	1小塊

調味料

調味料	
鹽	1/3小匙
素高湯粉	半小匙
胡椒粉	少許
香油	少許

作法

1. 金針菇切除黃色根部部分,剝開,洗淨。

2. 香菇用水泡軟後去蒂、切絲;小黃瓜、胡蘿蔔分別洗淨後切絲。

3. 燒熱3大匙油,放入香菇絲炒香,再加入胡蘿蔔絲拌炒片刻,接著加入金針菇及小黃瓜絲燴炒一下,最後加入調味料拌勻即可。

林老師
愛心撇步

＊金針菇含有豐富的胺基酸、蛋白質、膳食纖維,以及礦物質中的鉀、鈣等成分,可以增加腦力、平衡智能發展。

角瓜扒竹笙

材料

材料	
角瓜	半條
竹笙	2支
新鮮香菇	1朵
白果	4粒
胡蘿蔔片	4片

調味料

調味料	
鹽	半小匙
素高湯粉	半小匙
胡椒粉	少許
香油	少許
太白粉	1小匙

作法

1. 角瓜輕輕削去粗厚外皮，綠色部分不要完全削掉，洗淨切滾刀塊。

2. 竹笙泡水至漲開後，切除蒂頭，再切成寸段；香菇洗淨，切兩半。

3. 起油鍋，加入4大匙油，先放入香菇炒香，再加入角瓜塊、白果、胡蘿蔔片及竹笙拌炒片刻，接著加入鹽、素高湯粉、胡椒粉、香油及水1杯，一起用小火燜煮至角瓜軟化，最後把太白粉調水勾薄芡汁即可。

♡ 林老師 ♡
♡ 愛心撇步 ♡

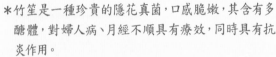

＊竹笙是一種珍貴的隱花真菌，口感脆嫩，其含有多醣體，對婦人病、月經不順具有療效，同時具有抗炎作用。

＊角瓜又名澎湖絲瓜，具有清熱、涼血、生津、利尿、止咳化痰等功效。

番茄沙拉

材料

牛番茄	1個
素沙拉醬	1小匙
素火腿末	1大匙
金針菇	1兩
芹菜末	1大匙
香椿醬	半小匙(作法參考P.15)

調味料

鹽	少許
胡椒粉	少許

作法

1. 金針菇切除根部後，剝開，洗淨，放入滾水中氽燙一下，撈出擠乾水分後切小丁狀，約2大匙。接著與素火腿末、芹菜末混合拌勻，加入素沙拉醬及鹽、胡椒粉調味拌勻成內餡待用。

2. 牛番茄洗淨，去除蒂頭後，在頂端切一平刀口，再用小刀及小湯匙挖除中間的果肉，使其呈中空狀。

3. 用利刀在番茄外皮輕輕劃上十字，然後放入滾水中氽燙一下，立刻撈出，輕輕剝除外皮，再用紙巾吸乾番茄內外的水分。

4. 將調好的內餡填入番茄中空部位，變成一個完整番茄後，把平刀口處倒放，排站在盤中。

5. 用利刀將番茄切成四等份，剝開一片番茄，再擠上些許素沙拉醬，滴香椿醬於盤緣便於沾食。

♡ 林老師 ♡
♡ 愛心撇步

＊這是我在日本料理店吃的番茄沙拉得來的靈感。風味特殊，值得一試。

和風沙拉

材料

苜蓿芽	2大匙
山藥	2小條
甜豆莢	4片
番茄	2片
熟南瓜	2片

調味料

白醋	6大匙
黑醋	1大匙
細白糖	2大匙
醬油	4大匙
香油	2大匙
橄欖油	2大匙
粒黑胡椒粉	半小匙
白芝麻粉	1小匙
梅子粉	1/4小匙

作法

1. 將所有材料處理乾淨後，一一排入盤中。

2. 全部調味料混合調勻，即為和風沙拉醬，裝入乾淨的瓶子裡，放入冰箱冷藏，食用時淋適量在作法1的材料上即可。

林老師
愛心撇步

＊和風沙拉酸酸甜甜，非常開胃爽口，其材料可以做任何更改，像是蘆筍、秋葵、甜椒、生菜等，都是很好的選擇。

＊自製的和風沙拉醬調好後，可裝入乾淨的玻璃容器裡冷藏，這樣可以存放約一個月的時間；食用時拿出來搖動一下即可。

酥皮山藥卷

材料

冷凍酥皮	1張
山藥	1小塊
蛋黃	半個
海苔粉	少許

調味料

鹽	少許
胡椒粉	少許

作法

1. 山藥切成拇指長寬大小的條狀，2條，再撒上調味料待用。

2. 酥皮分切成兩半，分別包入山藥條，接著把打散的蛋黃塗抹在酥皮上，撒上海苔粉後送入事先預熱至180℃的烤箱裡，烘烤約10分鐘，待表面呈金黃色即可取出食用。

林老師
愛心撇步

＊冷凍酥皮在一般超市和點心材料專賣店就有販售。

＊亦可將山藥蒸熟壓泥、包裹，另有一番口感和風味。

油燜苦瓜

材料

苦瓜	1小條
辣椒	半支

調味料

素蠔油	3大匙
糖	1大匙

作法

1. 將苦瓜洗淨，去蒂及尾端後，對剖成兩半，挖除瓜瓤及籽，再切小片狀備用。

2. 燒熱半鍋油至七分熱，把苦瓜片放入，炸軟後取出滴乾油。

3. 把調味料、2杯水及炸軟的苦瓜、切片的辣椒一同放入鍋裡，用小火燜煮至湯汁微乾，即可熄火盛出食用。

林老師
♡ 愛心撇步 ♡

＊苦瓜也可與樹子、蔭瓜一同燒煮，味道更為甘甜可口。

＊苦瓜具有清熱、明目、清心、解毒、降血壓、血糖的功效，並且還可以促進皮膚的新陳代謝、細緻光澤，是最佳的美容養顏聖品。

紅燒烤麩

材料

烤麩	5個
香菇	2朵
木耳	2朵
綠竹筍	1支
胡蘿蔔	1/3根
芹菜	4支

調味料

醬油	4大匙
糖	1 1/2大匙
香油	1大匙

作法

1. 烤麩每個分切成4小片，放入燒熱的半鍋炸油裡，炸至金黃後，取出滴乾油待用。

2. 香菇泡軟後去蒂，切片狀；木耳洗淨，切片；胡蘿蔔洗淨，去皮後切片狀；竹筍去殼後洗淨，煮熟再切片；芹菜摘除葉子後洗淨，切寸段。

3. 起油鍋，加入3大匙油，先放入香菇片炒香，再加入木耳片、筍片、炸好的烤麩、胡蘿蔔片拌炒片刻，接著加入所有調味料及水2杯，用大火先燒開，再轉中小火燜煮至烤麩軟化，待汁液微乾時，加入芹菜段，炒軟後即可熄火盛出食用。

林老師
愛心撇步

＊紅燒烤麩放涼後一樣美味可口，所以一次不妨多做一些，放入保鮮盒冷藏，隨時取出即可食用，不用再加熱。

生菜松子素鬆

材料

生菜葉	2片
松子	2大匙
素火腿丁	1大匙
刈薯丁	4大匙
香菇	1朵
胡蘿蔔丁	1大匙
熟青豆仁	1大匙
玉米粒	1大匙
薑末	1大匙

調味料

鹽	1/3小匙
素高湯粉	半大匙
胡椒粉	少許
香油	少許

作法

1. 松子放入溫熱的油中，以小火炸至金黃後，撈出放在吸油紙上待涼；香菇用水泡軟後，去蒂切末。

2. 起油鍋，加入3大匙油，放入薑末先炒香，再加入香菇丁炒香後，陸續加入刈薯丁、胡蘿蔔丁及素火腿丁拌炒片刻，接著加入熟青豆仁、玉米粒及調味料拌炒均勻，即為餡料。

3. 把放涼的松子與炒好的餡料拌勻，裝入洗淨、擦乾的生菜葉裡，即可食用。

林老師
愛心撇步

*若沒有刈薯時，可改用荸薺或筍，其目的是為了增加爽脆口感。

*可用炸米粉或油條鋪底，酥脆可口。

焗蘑菇

材料

蘑菇	6朵
素沙拉醬	2大匙
披薩起士	2大匙

調味料

鹽	少許
胡椒粉	少許

作法

1. 蘑菇放入加有少許鹽的滾水中,燙煮2分鐘,撈出瀝乾水分。

2. 準備烤田螺的焗烤盤,把處理好的蘑菇放入洞裡,撒上鹽、胡椒粉後,再擠上素沙拉醬,最後撒上披薩起士。

3. 烤箱預熱至180℃,把蘑菇放入烘烤約10分鐘,待起士融化即可取出食用。

林老師
愛心撇步

*蘑菇含有豐富的蛋白質、胺基酸、礦物質、多醣體及維生素等營養成分,是素食者的健康食材。

焗奶油白菜

材料

大白菜	1/4
香菇	1朵
白果	3粒
蘑菇	2朵
披薩起士	1大匙
巴西利末	少許

調味料

鹽	1小匙
糖	1/4小匙
素高湯粉	1大匙

奶油糊

沙拉油	2大匙
麵粉	2大匙
奶水	4大匙

作法

1. 大白菜洗淨，一片片剝下，放入燒開的滾水裡煮軟，約20分鐘，撈出瀝乾待用。

2. 香菇泡軟，去蒂後切片;蘑菇洗淨，放入滾水中汆燙後切片。

3. 燒熱3大匙油，先放入香菇片炒香，再加入大白菜、白果、蘑菇片及調味料炒勻，一同燜煮10分鐘，然後把材料撈出，過濾湯汁留約1杯待用。

4. 另起油鍋，製作奶油糊，加入2大匙油，用小火把麵粉炒化，接著加入奶水及作法3的白菜湯汁，炒至呈糊狀即可。

5. 準備一個焗烤盤，先取三分之二的奶油糊與炒好的白菜料混合拌勻，填入烤盤內，再把剩下三分之一的奶油糊均勻地覆蓋在上面，接著撒上披薩起士，隨後放入事先預熱至180℃的烤箱裡，烘烤約25~30分鐘，待表面金黃即可取出，最後撒上巴西利末就可食用。

林老師
愛心撇步

焗奶油白菜

*可將大白菜改成白色花椰菜，一樣美味可口。

酥皮玉米濃湯

材料

冷凍酥皮	1片
玉米醬	半罐
奶水	2大匙
麵粉	1大匙
蛋黃	半個
黑芝麻	少許

調味料

鹽	少許
素高湯粉	少許

作法

1. 起油鍋，加入2大匙油，用小火先將麵粉炒化，再加入奶水、玉米醬拌炒均勻，接著加入調味料拌勻，即成湯料。

2. 準備一個湯盅，把煮好的湯料倒入約八分滿，然後放進烤箱加熱約1分鐘，取出，再鋪上酥皮於湯盅上，接著塗上打散的蛋黃液，撒上黑芝麻。

3. 把湯盅送進預熱至180℃的烤箱，烘烤約8~10分鐘，待酥皮表面呈金黃且漲大時，即可取出食用。

林老師
愛心撇步

＊冷凍酥皮在烘焙器材店或大型超級市場即可買到。

＊奶水是一般市面上方便買到的三花奶水，比鮮奶濃醇，無味道，色澤乳白色。若沒有奶水時，可用鮮奶代替。

＊要讓酥皮能夠沾黏在湯盅上，必須把湯盅先用烤箱加熱，酥皮上的油脂才會因熱氣而融化，就會自然地黏在湯盅上，這樣烘烤濃湯時，酥皮才會順利漲大。

豆漿小火鍋

材料

材料	份量
豆漿	400C.C.
金針菇	適量
小豆苗	適量
甜豆莢	適量
胡蘿蔔片	適量
番茄片	適量
黃豆芽	適量
油豆腐	適量

調味料

調味料	份量
鹽	半小匙
素高湯粉	1大匙

作法

準備一個小湯鍋，倒入豆漿及200C.C.的水混合，煮沸後，把所有材料處理乾淨，一一加入煮滾的豆漿裡，煮熟後加入調味料調味即可。

林老師
♡ 愛心撇步 ♡

*豆漿煮時容易巴鍋及溢出，所以一定要特別
　注意火候，加入三分之一到一半的水稀釋，
　比較不容易焦掉。
*火鍋有著濃濃的豆漿香味，營養又美味，是
　一種幸福的滋味。

味噌山藥蔬菜湯

材料

山藥	適量
紫山藥	適量
番茄	適量
胡蘿蔔	適量
青花菜	適量
高麗菜	適量
素高湯	600C.C.(作法參考P.14)

調味料

味噌	2大匙
糖	半小匙

作法

1. 將山藥、紫山藥、胡蘿蔔洗淨後去皮，切粗片；番茄洗淨，去蒂切片；青花菜洗淨；高麗菜洗淨，剝成大片狀待用。

2. 素高湯煮滾，把材料一一放入煮熟，接著把味噌放在濾網內，用湯匙研磨味噌在湯中，煮滾，加少許糖調味即可。

林老師
愛心撇步

*味噌是黃豆加工添加鹽、水、麴菌發酵而成的，內含有蛋白質、碳水化合物、粗纖維、鹽分、灰分等成分，可以清除自由基、預防癌症的產生。日本人的壽命平均都滿高的，據說是跟常吃味噌湯有關。因此，味噌是日本人的元氣食品呢！

百菇湯

材料

巴西蘑菇	適量
竹笙	適量
金針菇	適量
洋菇	適量
新鮮香菇	適量
杏鮑菇	適量
芥菜心	1片
素高湯	600C.C.
(作法參考P.14)	

調味料

鹽	半小匙
素高湯粉	1大匙
胡椒粉	少許
香油	少許

作法

1. 巴西蘑菇、竹笙分別泡水至漲開後，竹笙切除蒂頭並分切小段。

2. 杏鮑菇洗淨，切片，再與洗淨的金針菇、洋菇、新鮮香菇一同放入加有少許鹽的滾水裡汆燙一下，撈出瀝乾待用。

3. 把素高湯燒開，放入所有材料，煮約4分鐘，最後加入調味料拌勻，即可盛出食用。

林老師
愛心撇步

*凡是菌類皆有菌腥味及黏液，須先用滾水汆燙過再使用。

*蕈類含豐富多醣體，可防癌、抗癌，平時要多食用。

椰奶養生鍋

材料

高麗菜	適量
紫山藥	適量
金針菇	適量
番茄	適量
猴頭菇	適量
青花菜	適量
甜豆莢	適量
椰漿	1罐

調味料

鹽	半小匙
素高湯粉	1大匙

作法

1. 把所有材料處理乾淨。

2. 將椰漿加水 1 ½ 杯混合煮開，把所有材料放入煮熟後，加鹽、素高湯粉調味即可。

林老師
愛心撇步

＊椰漿在各大超市和點心材料店皆有販售。

百香椰果凍

材料

百香果汁	4杯
椰果	1 ½杯
糖	1杯
吉利T粉	4大匙
小模型塑膠杯	18個

作法

1. 準備乾淨的容器，擦乾水分，加入糖與吉利T粉混合拌勻，再加入3杯水，攪拌均勻後，移到瓦斯爐上，邊煮邊攪拌至煮滾。

2. 將百香果汁加入作法1裡，混合拌勻即可。

3. 把椰果平均分裝在各個小模型底部，再把作法2的百香果汁液倒入約八分滿，靜置放涼後移入冰箱冷藏。

林老師
愛心撇步

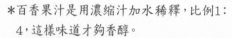

*百香果汁是用濃縮汁加水稀釋，比例1：4，這樣味道才夠香醇。

*可將百香果汁改成芒果汁，加入芒果丁，即是美味可口的芒果凍了。

奶酪

材料

鮮奶油	250C.C.
鮮奶	250C.C.
糖	50公克
香草精	10C.C.
吉利T粉	1¼大匙
小模型塑膠杯	4個

作法

1. 準備乾淨的容器，擦乾水分，把糖及吉利T粉放入混合拌勻。

2. 將鮮奶油、鮮奶及香草精倒入作法1裡，混合均勻，然後移到瓦斯爐上，用小火煮滾後即可熄火。

3. 小模型杯擦乾淨，倒入煮好的材料，平均分裝。

4. 放涼後移到冰箱冷藏，待凝固時取出食用。

林老師
愛心撇步

＊吉利T粉是植物性果膠，吉利丁是動物性果膠，吃素的人採買時要特別注意。

杏仁雪花糕

材料

白糖	1杯
洋菜粉	1大匙
奶水	3/4杯
玉米粉	7大匙
杏仁露	2大匙
蛋白	3個
椰子粉	半杯

作法

1. 洋菜粉用4大匙水先調化待用。

2. 準備4杯水，煮滾後把調化的洋菜粉倒入，煮1分鐘，再加入白糖，煮至融化時加入奶水拌勻。

3. 接著把玉米粉用半杯水調勻，隨即慢慢加入作法1裡攪拌成稠糊狀，再倒入杏仁露拌勻。

4. 蛋白放入乾淨且擦乾的打蛋盆裡，用打蛋器打發至尖峰狀態，然後倒入作法3的材料裡，邊倒邊攪拌至完全沒有顆粒後，倒入事先準備好的乾淨不鏽鋼平盤，趁熱均勻地撒上椰子粉，待涼後移入冰箱冷藏，食用時切塊，可與水果搭配。

> 林老師
> 愛心撒步

* 不喜歡杏仁味道者，可以不加杏仁露，就是純粹的雪花糕。

* 洋菜粉須事先用水調化，否則直接加到滾水中，會浮在表面不容易融化。

* 打蛋盆要乾淨，也要擦乾，不能有油有水，否則不容易打發至尖峰狀態，同時與雪花稠糊也要充分拌勻至沒有顆粒狀，否則會有雙層現象。

* 奶水是一般市面上方便買到的三花奶水，比鮮奶濃醇，無味道，色澤乳白色。若沒有奶水時，可用鮮奶代替。

咖哩素餃

材料

【油皮】

低筋麵粉	2杯
沙拉油	半杯
水	半杯

【油酥】

低筋麵粉	1 ½杯
沙拉油	半杯

【內餡】

烤麩	5個
香菇	4朵
刈薯	半個
醬油	1大匙
咖哩粉	1大匙
鹽	半小匙
素高湯粉	半小匙

【塗料】

蛋黃	1個
黑芝麻	少許

作法

1. 將油皮、油酥材料分別和成麵糰後,各自搓成長條狀,分切成26等份小麵糰,然後把油皮麵糰包入油酥麵糰即成酥皮。

2. 烤麩切小丁;香菇用水泡軟後,去蒂切小丁;刈薯切小丁。

3. 燒熱3大匙油,先把香菇丁炒香,再加入烤麩丁、刈薯丁拌炒均勻,接著加入咖哩粉一起炒香,最後加入醬油、鹽、素高湯粉調味即成內餡。

4. 取一份酥皮,用擀麵棍輕輕擀開成一小圓片,捲起成長條,再順著長條方向再擀開一次,再捲成小方片,壓扁後擀成圓形狀,所有酥皮皆是同樣動作。

5. 將1大匙內餡舀到圓酥皮中間,對摺邊緣,捏出花邊成餃子狀,表面塗抹上打散的蛋黃液,並撒上少許黑芝麻。

6. 預熱烤箱至180℃,把咖哩素餃放入烘烤約20~25分鐘,烤至表面金黃即可。

林老師 ♡
♡ 愛心撇步 ♡

＊烘烤點心時,烤箱一定要事先預熱,這樣在烤點心時,時間不會延長,烤出來的點心也不會因為受熱不均而影響賣相,甚至失敗。

松子酥

材料

【油皮】

低筋麵粉	1杯
沙拉油	1/4杯
水	1/4杯

【油酥】

低筋麵粉	半杯
沙拉油	1/4杯

【內餡】

豆沙	1杯
松子仁	2大匙

作法

1. 將油皮、油酥材料分別和成麵糰後，各自搓成長條狀，分切成15等份小麵糰，然後把油皮麵糰包入油酥麵糰即成酥皮。

2. 豆沙同樣分成15等份，每份包入適量的松子仁，搓揉成圓球備用。

3. 取一份酥皮，用擀麵棍輕輕擀開成一小圓片，捲起成長條，再順著長條方向再擀開一次，再捲成小方片，壓扁後擀成圓形狀，所有酥皮皆是同樣動作。

4. 每份酥皮圓片包入豆沙松子球，用虎口收圓後，在表面印上食用紅色色素，隨即排入烤盤。

5. 把烤盤送入事先預熱至180℃的烤箱裡，烘烤約20分鐘即可。

林老師
愛心撇步

＊可以將松子仁改成核桃，就成了核桃酥。

香Q酥餅

材料

【油皮】

低筋麵粉	2杯
沙拉油	半杯
水	半杯

【油酥】

低筋麵粉	1½杯
沙拉油	半杯

【內餡】

番茄豆沙	12兩
米麻糬	6兩

【塗料】

蛋黃	1個
海苔粉	少許

作法

1. 將番茄豆沙與米麻糬分別分成20等份，每份豆沙包入一份米麻糬，揉成圓球狀即為內餡。

2. 將油皮、油酥材料分別和成麵糰後，各自搓成長條狀，分切成20等份小麵糰，然後把油皮麵糰包入油酥麵糰即成酥皮。

3. 取一份酥皮，用擀麵棍輕輕擀開成一小圓片，捲起成長條，再順著長條方向再擀開一次，再捲成小方片，壓扁後擀成圓形狀，所有酥皮皆是同樣動作。

4. 每份酥皮圓片包入豆沙米麻糬球，用虎口收圓，再壓成扁圓形，接著在表面塗抹上打散的蛋黃液，撒上海苔粉。

5. 預熱烤箱至180℃，把香Q酥餅放入烘烤，約20分鐘，烤至表面金黃即可。

林老師 ♡
♡ 愛心撇步

＊像豆沙內餡等點心材料可以到點心材料專門店去購買。

黑糖糕

材料

中筋麵粉	半斤
日本太白粉	4兩
黑糖(過篩)	6兩
發泡粉 半兩(1 ½大匙)	
紙杯模	8個

作法

1. 將中筋麵粉、日本太白粉、黑糖、發泡粉全部混合充分拌勻。

2. 準備550C.C.的水,與作法1的材料攪拌均勻,不可以有顆粒粉狀,倒入紙杯模裡約八分滿。

3. 將蒸籠的水燒開,把紙杯模一一排入,用中火蒸約20分鐘左右,黑糖糕即可完成。

林老師
愛心撇步

＊模型大小決定蒸糕的時間長短。

荔茸餅

材料

【外皮】

中筋麵粉	1杯
熱水	2/3杯

【內餡】

芋泥	2碗
細白糖	半杯
植物性奶油	2大匙

作法

1. 製作外皮。將麵粉用熱水沖燙,即全燙麵作法,微涼時再搓揉成糰,待如耳垂軟度、不黏手的程度後,用保鮮膜包住,靜置鬆弛30分鐘。

2. 製作內餡。把內餡材料全部混合拌勻,分成6等份備用。

3. 將鬆弛好的麵糰搓成長條狀,再分切成6等份。

4. 把每小份的麵糰壓扁,用擀麵棍擀成圓片狀,包入一份內餡,封口收好後整成扁圓形,並刷上一層水,接著放入蒸鍋裡蒸2分鐘,取出放涼。

5. 準備平底鍋,抹上少許的油,把蒸好的荔茸餅放入用小火把兩面煎黃即可。

林老師 ♡
♡ 愛心撇步

＊芋泥作法,是將芋頭去皮後切厚片,放入電鍋或蒸籠內蒸熟、蒸軟,趁熱壓成泥狀即是。

芝麻球

材料

糯米粉	350公克
細白糖	90公克
熱水	200C.C.
白芝麻	2杯
豆沙	240公克

作法

1. 將豆沙分成16等份,每份皆搓成小圓球狀待用。

2. 將糯米粉用熱水拌揉均勻,再加入細白糖混合均勻、搓揉成糰後,搓成長條狀分切成16小塊。

3. 每塊地瓜麵糰壓扁後,包入豆沙餡,揉成圓球狀,然後沾裏上一層水,再沾滾上一層芝麻後,輕輕搓圓,使芝麻不易掉落能夠定型。

4. 燒熱半鍋炸油至六分熱,即溫油狀態,把做好的地瓜球放入,用小火慢慢炸至金黃色即可起鍋,在起鍋前改成大火,並按壓一下芝麻球,使其充氣漲大,隨即撈出吸乾油即可。

林老師
♡ 愛心撇步

*食用時要注意,不要馬上入口咬,因為內餡溫度高容易燙傷。

*溫油炸約5分鐘後,改中火續炸約4分鐘。

*粉糰充分揉拌光滑,可增加漲大。

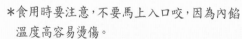

核桃巧克力豆餅乾

材料

植物性奶油	半條(半杯)
白油	半杯
蛋	1個
細白糖	半杯
黑糖	半杯
低筋麵粉	3杯
小蘇打粉	1小匙
泡打粉	1小匙
碎核桃	半杯
巧克力豆	半杯

作法

1. 將奶油、白油置於室溫下，使其軟化，然後混合拌勻，再加蛋一起攪打成絨毛狀。

2. 白糖、黑糖分別篩入作法1裡，混合拌勻後，加入麵粉、小蘇打粉、泡打粉、核桃及巧克力豆，攪拌均勻成糰狀。

3. 把巧克力麵糰隨意捏成不規則狀的小塊，排入烤盤。

4. 烤箱預熱10分鐘至180℃，放入餅乾，烘烤約20分鐘，待餅乾呈淺咖啡色即可取出，待涼食用。

林老師 愛心撇步

＊餅乾不可從烤箱拿出就馬上食用，因為這時餅乾是軟的，放涼是為了讓餅乾變硬一點，才會酥脆好吃。

國家圖書館出版品預行編目資料

一個人吃素／林美慧著. -- 初版.
-- 臺北縣板橋市：養沛文化, 2010.06
面； 公分. --(自然食趣；5)
ISBN 978-986-6247-06-4(平裝)
1. 素食食譜　2. 烹飪

427.31　　　　　　　　　99009015

【自然食趣】05
一個人吃素
53道營養滿分・美味十足的家常素料理

作　　者／林美慧
總 總 輯／蔡麗玲
副總編輯／劉信宏
編　　輯／方嘉鈴・蔡竺玲
封面設計／陳麗娜
內頁設計／陳麗娜
攝　　影／徐博宇
出版者／養沛文化館
發行者／雅書堂文化事業有限公司
郵政劃撥帳號／18225950
戶名／雅書堂文化事業有限公司
地址／台北縣板橋市板新路206號3樓
電子信箱／elegant.books@msa.hinet.net
電話／(02)8952-4078
傳真／(02)8952-4084

2010年6月初版一刷　定價220元

總經銷／朝日文化事業有限公司
進退貨地址／台北縣中和市橋安街15巷1樓7樓
電話／（02）2249-7714　　傳真／（02）2249-8715
星馬地區總代理：諾文文化事業私人有限公司
新加坡／Novum Organum Publishing House (Pte) Ltd.
20 Old Toh Tuck Road, Singapore 597655.
TEL： 65-6462-6141　　FAX：65-6469-4043
馬來西亞／Novum Organum Publishing House (M) Sdn. Bhd.
No. 8, Jalan 7/118B, Desa Tun Razak, 56000 Kuala Lumpur, Malaysia
TEL：603-9179-6333　　FAX：603-9179-6060